童话数学
儿童数学启蒙图画书

小巨人逛动物园

·认识时间·

国开童媒 编著　李妲 文　松茸 图

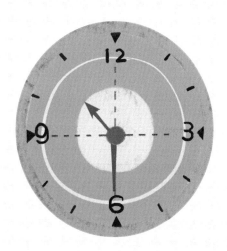

国家开放大学出版社出版　国开童媒（北京）文化传播有限公司出品

北　京

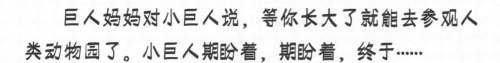

巨人妈妈对小巨人说，等你长大了就能去参观人类动物园了。小巨人期盼着，期盼着，终于……

这天，小巨人一大早就收拾好了。

"难得见你这么早起床，别忘了晚上7点要准时回家。"妈妈交代他。

小巨人拍了下小脑瓜："差点儿忘了带我的呱呱表。"

现在几点了？

答案：早上8:00。
（提示：早上8了点。）

小贴士：长针叫作"分针"，短针叫作"时针"。
当分针指向12时，时针指向几就是几点。

人类动物园离巨人王国很远，小巨人需要先乘坐怪兽巴士到达人类嘀嘀站。

小贴士： 分针转半圈就是30分钟。

再乘坐人类嘀嘀到达人类动物园站。
小巨人开始打瞌睡了，
真的……好远。
"下一站是人类动物园站，请要下车的乘
客做好准备。"嘀嘀上的广播开始播报。

到站！

逛熊猫馆，看大象，喂长颈鹿……
突然小巨人的肚子咕噜噜响。

现在几点了？

人类食物看起来都好好吃啊！

这个看起来像彩色的云朵。

那个一爆炸就变成许多香喷喷的圆球。

这个我认识！滋滋流油的大鸡腿嘛！

30分钟过去了，小巨人还没决定好要吃什么，因为……

他都想吃！

棉花糖

现在几点了?

花

12:30

答案：中午12：30。

9

下午1点，小巨人继续逛动物园。
这时，他看到了墙上的大海报——

每天下午 2:00 动物园
为您奉上
杂技表演
欢迎大家前来观看！

还要过多久，
小巨人才能看到表演呢？

小贴士：2：00的时候时针指向2，
1：00的时候时针指向1，将时针指
向的数字相减，就是小巨人需要等
待的时间了。

下午2点，杂技表演开始了。
小巨人找了一个绝佳位置。

小贴士：分针围着钟表走一圈就是
1小时，1小时=60分钟。

13

哪个小朋友
想骑大象呢?

小巨人疯狂举手。

他太重了，以至于……

下午4点，小巨人一屁股坐在路边的长椅上。

好累啊！

休息30分钟后，远处孩子们的嬉闹声引起了他的注意，小巨人闻声走了过去。

原来是一个蹦床。

答案：下午4:30。

现在几点了?

小巨人一站一坐，孩子们就能被弹得老高，他们兴奋得不得了。

可是，这好像比逛动物园累多了。

不玩了不玩了，

小巨人呼哧呼哧喘着气，四仰八叉地躺在了蹦床上。
这时，小巨人的呱呱表响了。

哎呀！

是妈妈！

我该回家了！

现在几点了？

答案：下午5：30。

21

怪兽巴士站到了，请要下车的乘客排队下车。

星星已经悄悄地探出头了，小巨人叹了一口气："天都黑了，这下妈妈一定会生气的。"

一抬头

哇！
是妈妈！

　　时间看不见摸不着，文中的小巨人因为玩得太高兴了，一下子就忘记了时间。在现实生活中，我们在教导孩子要守时和学会管理时间之前，首先要教孩子认识时间。

　　故事中出现了很多钟表，细心的孩子一定会发现，每个钟面上都有12个数字，每两个数字之间有一个大格，也就是有12个大格。我们还要引导孩子观察两根指针，让孩子发现指针的长短粗细各不相同，又短又粗的是时针，它走得慢一些，又细又长的是分针，它走得快一些。认识完钟面，我们就来认识时间，和孩子一起观察整点和半点的区别。所有的整点，例如7:00、11:00，它们的分针都指向12，时针分别指向7和11。再看半点，例如12:30，分针指向了6，时针指向12和1中间。只有当孩子注意到这些细节，才能掌握辨识时间的方法。

　　家长还需要明白，孩子认识和管理时间需要一个过程，不是我们说完上述几点就能立刻灵活掌握的。因此，家长要悉心引导，从日常生活着手，比如，制定固定的作息时间，让孩子自主地去把控时间和安排该做的事。只有这样反复地在生活中与时间打交道，孩子才能慢慢地建立与时间的联结，潜移默化地建立时间观念和秩序感。

北京润丰学校小学低年级数学组长、一级教师　蒋慕香

思维导图

今天可是小巨人第一次去人类的动物园，妈妈叮嘱他晚上7点要准时回家，可时间好像过得比平时快多了……你还记得他这一天遇到了什么好玩的事情吗？请看着思维导图，把这个故事讲给你的爸爸妈妈听吧！

完美的一天结束啦

找妈妈

玩蹦床

休息

骑大象

观看表演

吃什么呢

小巨人的一天

去动物园玩啦

乘车去动物园

到达动物园

逛动物园
肚子咕噜噜

· 小巨人的一天 ·

　　今天是星期一，是小巨人上学的日子，他要起床、吃早饭、上学、写作业……你能结合所学的知识，把相应的时间点填在相应的活动下方的横线上吗？

数学真好玩

·连一连·

请你把下面的钟表或电子表与它们表示的时间一一对应地连起来吧。

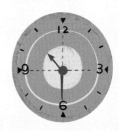

7: 00

10: 30

2: 30

11: 00

6: 30

·我的一天·

　　让孩子找一找家里的所有钟表，比如挂在墙上的钟表、放在桌子上的闹钟、手表、电子表等，也可以给孩子准备一个可以拨动时针分针的玩具钟表。

游戏一：

让孩子一边调整钟表显示的时间（玩具钟表），一边根据时间说一说自己的主要活动。

游戏二：

准备一张纸和一盒彩笔，给自己的一天做个计划吧！

（可参考下面的计划表）

时间	活动	备注
6：30	起床	早上的记忆力最好！今天是我的演讲日，我要比平时早起30分钟，加油啊！

知识点结业证书

亲爱的＿＿＿＿＿＿＿＿小朋友，

恭喜你顺利完成了知识点"**认识时间**"的学习，你真的太棒啦！你瞧，数学并不难，还很有意思，对不对？

下面是属于你的徽章，请你为它涂上自己喜欢的颜色，之后再开启下一册的阅读吧！